学生版

什么是什么 德国少年儿童百科知识全书

航空探趣

[德] 鲁道夫·布劳恩伯格 等 / 著
[德] 曼弗里德·谷特尔 等 / 绘
张 强 / 译

长江出版传媒 湖北教育出版社

前　言

今天，乘坐飞机旅行几乎已经和开车旅行一样常见。而这一切，距离莱特兄弟在美国进行的第一次飞行也不过一百多年的时间。在飞行刚刚兴起的时代，飞机并不比用木头和亚麻布制成的破箱子好看多少，但是当它们真的从地面飞上天空，并且在飞行了不远的距离后安全着陆时，所有的设计者和飞行员都感到无比的兴奋。今天，飞机已经成为一种大众交通工具。一架飞机在数小时之内可以将300名或更多乘客运送到地球的任何一个大城市。任何一种其他的交通工具，对人类相互往来的影响都不能与飞机相比，因为只有飞机才使许多人能够在异域的土地上旅行，飞机能

够快速、安全地飞过长长的距离，可以将高山、洋和沙漠这些障碍轻松地抛在身后。

飞机是科技发展的一个奇迹——大量使用电设备，并且使用最先进的材料生产。不过，即使天的大型喷气客机也还要遵守同样的物理定律，这些在一百多年前，李连塔尔、莱特兄弟和其他行先驱们已经做了深入的研究。像以前一样，飞始终不会失去自己的魅力。乘坐经济舱旅行可能时会使你怀念巴士，但是透过舷窗，可以看到覆着皑皑积雪的阿尔卑斯山脉、格陵岛的原始冰原、亚马孙河流域尽的原始森林，这些美丽景色便是对你的补偿。

图片来源明细

照片：航空快递杂志(伯恩)：4左上(马尔泽辛克)；航空国际杂志(奥特施塔特)：10下(D.普拉特，奥特施塔特)，13左上(货运飞船公司)，13右上(齐柏林飞艇技术公司)，22右上(欧洲之翼航空公司)，22中左/下(德国劳斯莱斯有限公司)，23左上(P.鲍文/湾流公司)，23左下(飞安国际公司，波音，34左上/右(波音)，34下(波音)，35上/下(空中客车)，36下(仙童—道尼尔公司)，37上(D.普拉特)，37下(空中客车)，39右下(欧洲直升机工业公司)，40上(西科斯基公司)，42下(塞斯那飞行器公司)，43上(庞巴迪公司)，43下(达索飞机制造公司)，46上(空中客车)，47上(空中客车)，47左下(罗尔韦尔柯林斯公司)；AKG(柏林)：15右上，17下，18(艾尔哈特)，38右上，38下；齐柏林飞艇技术公司档案(弗里德里希港)：11右下，12中下；BPK(柏林)：5右上，8左下，12左下，14右上，15中右，11中左彼尔德伯格组织(汉堡)：42左上；波音(汉堡)：44/45下；克里斯蒂安·米歇尔(辛德芬根)：13右下；西纳泰格斯公司(法兰克福)：5下，36右上；德国博物馆(慕尼黑)：6上/下，7中左，11中右，16下，18(布莱里奥特)，44/45右上；DPA(法兰克福)：10右上，18(布朗/阿尔考克)，45左上；DFS：30右上；法兰克福机场/美茵公司：2，3，21上，26中下，26右下，27中下，27右下；慕尼黑机场：26左上，27上，30中左；M.迈尔茨&Ch.维鲁尔公司(索恩霍芬)：4上；约瑟夫版权有限责任公司：28/29下；汉莎航空公司(科隆)：17上，19(3)，20/21(W.克鲁格)，26左下(U.科纳尔)，26/27下(格拉夫·F.鲁克纳)，28上(G.瑞本纳克)，28中(I.弗里德里希)，28左下(F.德莱斯勒)，31左上(F.弗里德里希)，33下(2)，46右下；玛丽伊万斯图片馆(伦敦)：18(约翰逊)，18下；空间艺术博物馆/勒保尔盖特：7下(2)，15下；V&A图片馆(伦敦)：4右上；R.万思科(罗伊希腾巴赫)：39上；野生动物图片社(汉堡)：38左上(P.哈特曼)；特斯洛夫/马迪森印刷社（肯·马绍尔）：11上(插图 "兴登堡号灾难事件")

封面图片：视觉中国

插图：曼弗里德·谷特尔/弗兰克·克里门特/约阿基姆·克纳珀/曼弗里德·考斯特卡/安洁利卡·奈瑟尔

未经TESSLOFF出版社允许，不得使用或传播本书内的照片和插图。

目　录

飞翔的梦想

人类是从什么时候开始梦想飞翔的?

波音 747 在起飞跑道上缓慢地向前滑行,它的 4 个发动机还在空转,机长还没有把操纵杆向前推动,巨大的机身在起落架上轻轻地晃动。突然,这个庞然大物开始抖动起来,涡轮吼叫着高速旋转。

这个用金属、塑料和电子设备组合成的机器开始缓慢移动,然后加速,机首就像一张大嘴,贪婪地想要把跑道吞进口里一样——在轰鸣中,飞机驶向了跑道的末端。这个时候,飞机尾部下沉,机首向上飞向空中,目的地是纽约、曼谷或者北京……今天,飞机能够轻而易举地到达世界上的每一个大城市。

最早的飞行始于 20 世纪初。在一百年的时间里,我们的设计师、工程师和飞行员把莱特兄弟最早发明的"飞机",发展成具有大量电子设备的现代化的"空中客车"。使用发动机动力飞行的历史始于 20 世纪,不过,飞行的历史却与人类存在的历史一样古老。

神话和传说里是如何描述飞行的?

在很早以前,有一个关于中国的帝王舜的传说。据说,他有像鸟儿一样飞行的魔力,凭借这种魔力,他从牢房中逃了出来——早期最著名的飞行传说往往是从逃亡开始的。

一直以来,人类都**想**着能像鸟儿一样在天空翱翔,这一点几乎在世界各地的文化中都有所体现,因为全世界的神几乎都具有这种能力。希腊众神的信使赫尔墨斯、骑鹰的印度神毗湿奴(上图)和罗马爱神阿莫尔——它们在人类的想象中都能摆脱地球引力的吸引,飞行能力往往被视为超自然的能力。

伊卡鲁斯陶醉于天空中的飞行,离太阳越来越近——结果,他身上用羽毛粘成的翅膀逐渐脱落,伊卡鲁斯最后掉进了大洋之中

降落伞也是雷奥纳·达·芬奇的设计。在·芬奇的设计中，降落的形状为亚麻布制成的篷盖。不过，与他的飞器设计和螺旋桨飞行器样，达·芬奇好像并没制作这种降落伞。在今·达·芬奇的一些设计经投入实际生产，并且实这种降落伞是可用的。

在古希腊的神话传说中，发明家和建筑家代达鲁斯和他的儿子伊卡鲁斯，被克里特岛上的国王米诺斯所俘虏。他们从克里特岛上逃出去的唯一方法就是飞出去。为了逃出克里特岛，伊卡鲁斯把鸟儿的羽毛用蜡粘成了一对翅膀。但是，伊卡鲁斯没有听从父亲代达鲁斯的警告，他陶醉于天空中的飞翔，飞得太高，距离太阳太近，以致于羽毛上的蜡都融化了，羽毛逐渐脱落。最后，伊卡鲁斯掉进了大海中。从此，这片大海就被称为伊卡鲁斯海。

类似的飞行传说，人们几乎可以在世界各地的历史中发现，无论是在波斯还是印度，或者日耳曼的英雄传说中。在这些描述里，人类可能自己会飞翔，也可能是被巨大的飞鸟驮到天上。

这些幻想绝不仅仅是古代人类的专利，在当代一些作家的作品中也同样存在。阿斯特丽德·林格伦的童话人物"屋顶上的卡尔松"，就是借助背上固定的螺旋桨在天空中飞翔。早在19世纪，儒勒·凡尔纳就已经让人类飞向了月球，超人能够让所有的罪犯心惊胆战，因为他的超能力之中就包括飞翔。

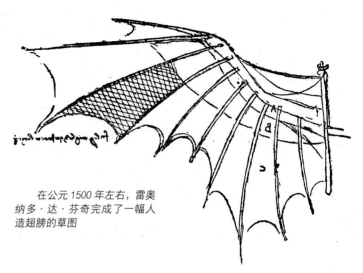

在公元 1500 年左右，雷奥纳多·达·芬奇完成了一幅人造翅膀的草图

第一个在理论上研究飞行的人是谁？

在中世纪时期乃至更早，人们就已经开始研究飞行的原理。英国著名的大哲学家罗杰·培根（1214—1292）在他的作品中，曾经描述过"带有人造翅膀"的飞行机器。200 多年后，意大利诞生了一位伟大的科学家——雷奥纳多·达·芬奇（1452—1519），他也梦想着像鸟儿一样飞行。他不仅是发明家和科学家，还是建筑师、画家和雕刻家。他不仅设计了第一部飞行器，还创作了一幅传世名画：带有谜一般微笑的《蒙娜丽莎》。达·芬奇确信，如果人们想要明白飞行的秘密，就必须先了解鸟类如何飞行和空气如何流动。1505 年，他出版了包括《鸟类解剖学》和《飞行》在内的四卷书籍。在达·芬奇看来，昆虫和蝙蝠的飞行方式更适合人类

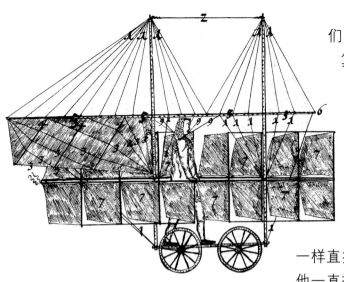

梅尔基奥·鲍威尔的"飞天车",需要用类似肌肉产生的力量驱动

模仿。他设计了一架振动飞行器,并把它命名为"飞鸟"。这架飞行器使用类似肌肉产生的力量驱动,与蝙蝠的翅膀相近。

几百年来有哪些失败的飞行试验?

在雷奥纳多·达·芬奇设计完成最早的飞行器的250年后,图林根园艺师之子梅尔基奥·鲍威尔设计了一种"飞天车"。这种车由可以活动的"翅膀"驱动。鲍威尔打算用肌肉力量操作这种"风力马达"。当然,鲍威尔非常清楚这种发明的毁灭性力量。他找到了英格兰国王乔治三世和普鲁士国王腓特烈二世,告诉他们自己的设计的用途:"拥有它,在未来就可以将炸药和石头成批地扔向那些反基督教的人,以及他们居住的城市。"不过,幸运的是,他的发明并没有被采纳。裁缝阿尔布莱希特·路德维希·贝尔布林格之所以有名,是因为他所遭遇的不幸被人们写成了讽刺诗。他原本打算利用维也纳钟表师雅各布·德根制作的飞行机,在乌尔姆飞越多瑙河。为了达到这一目的,他于1811年搭建了一个脚手架,想从这个脚手架上飞越多瑙河。起飞之后,他却像一块石头一样直接落到了多瑙河里。后来,他一直被人称作"乌尔姆的裁缝"加以嘲笑。

较为成功的是在飞行史上被称为"飞行学之父"的乔治·凯莱。凯莱生活于1773年至1857年,他不仅制作了大量的滑翔机进行短距离飞行,还进行了飞行理论的研究,并且认识到拱形的机翼比平面机翼产生的升力更大。

同一时期的铜版画描绘"乌尔姆的裁缝"的不幸,他凭借身上的"翅膀"飞越多瑙□却一头栽进了水里

从1799年直到逝世前,超过半个世纪的时间里,凯莱都在进行翅膀设计实验。他区分了"举起"和"拖拉"的力量,改进了方向舵装置、尾翼面装置、后升降舵和螺旋桨。

凯莱特别注意对飞行稳定性的研究。为此,凯莱不断改进机翼设计,最终他的设计中出现了尾部

英格兰飞行先驱乔治·凯莱设计了一种单翼飞行机，图中，他正在进行第一次试飞

克莱门特·阿德

（1841—1924）1890年，阿德使用蒸汽机驱动的"艾勒"飞行器完成了大约50米的飞行。不过，由于这架飞行器没有可用的控制装置，因此对于飞行学发展并无太大意义。在后来的设计中，他将飞行器称为"Avion"，这个法语词汇一直沿用至今，它是"飞机"的意思。

升降舵和方向舵，这些设计比较符合我们今天了解的飞机原理。

他还制造出了滑翔机，并在人类滑翔飞行史上第一次把一个男孩送上了天空。此外，凯莱还发明过一种履带式拖拉机。

虽然凯莱在飞行学领域的知识可能比同时代的人更丰富，但是他也没有办法解决困惑着早期飞行先驱们的最基本的问题。因为他们还缺少一台为飞机产生升力提供所需速度，并且还要避免受到风力影响的发动机。

在凯莱于1804年使用滑翔机进行了第一次飞行试验之后约100年，莱特兄弟才完成了由发动机驱动的飞机的制造。在此之前，全部的飞行试验都以失败告终，因为采用蒸汽内燃机作为发动机过于沉重。发动机在这一领域被采用，使飞行器和飞行技术迎来了一个繁荣的时期。

阿德设计的由蒸汽机驱动的"Avion3"和"Batmobile"（蝙蝠飞行器）

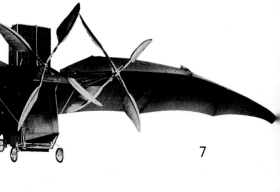

7

气球和飞艇

第一个气球是在什么时候升起的?

在飞行先驱们试用比空气重的飞行器获得成功之前,一些飞行先驱就已经在理论上取得了突破。这个理论基础是由意大利物理学家伊万格里斯塔·托里拆利(1608—1647)创立的。他发现,空气和其他气体有一定的重量和密度。现在我们也可以研究,一个物体在什么样的条件下会在空气(或其他气体)中上升。1766年,英格兰科学家亨利·卡文迪什发现了一种比空气轻的气体——氢气。但是,第一个气球并不是氢气驱动的,而是热空气。

1783年9月19日,一只公鸡、一只绵羊和一只鸭子最先被人类送到天空中。同年的11月21日,物理学家皮拉特瑞·德·罗奇埃和侯爵戴尔朗德成为最早乘坐热气球飞到天上的人。

采用热气球升空的设想,来自雅克·艾帝安·蒙特格菲和约瑟夫·米歇尔·蒙特格菲兄弟。他们认识到热空气能够产生浮力,甚至能够将丝绸制成的气球推到空中,即使动物或者人类坐在吊篮之中,也可以被足够大的升力托起。"蒙特格菲号"进行的第一次热气球飞行,使整个法兰西陷入狂喜之中。当第一个热气球飞起来的时候,国王路德维希十六世和他的王后玛丽·安托瓦内特正在巴黎的练兵场上。不过,更准确地说,热气球是被拉着行动的。

蒙特格菲兄弟还有一个强大的对手:法国物理学家雅格 A.C. 查尔斯,他同样在1783年乘坐自己设计的气球飞到了天上,不过不是热气球,而是充满氢气的气球。

浮力在物理学中是与力相对的向上的力。浮力能够使气球升起或者使飞机留在空中。如果气球中的空气或者其他气体比气球围的空气轻,气球受到的力为静态浮力。而飞机飞需要的动态浮力,要求机必须具有适当的形状,并飞机需要在空中保持移动。

鸟类能够帮助解决自特格菲兄弟以来一直困扰类的一个问题:气球缺少操作性,它在空中就像风"游戏球"一样。由于当时没有合适的发动机,所以期的人们想到让鸟儿拉动球,或者在气球上装上帆通过这些措施来操控气球。

这个巨大的空中飞船是由一个不知名的画家设计的

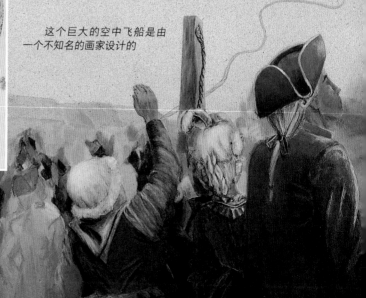

在此之后，人们又陷入了反复的竞争和争吵：到底哪一种气球更好，是蒙特格菲兄弟的热气球还是查尔斯的氢气球？不过，当这些无法控制的气球带着火光、散发着刺鼻的气味，飘落到农民的田地上的时候，根本分不清热气球和氢气球的农民，把它们当成了从天而降的恶魔。他们拿起粪叉和镰刀冲向可怜的气球飞行员。农民的这些行为也清楚地表明，飞行并不是全人类的梦想。

1783 年，在巴黎人群的欢呼声中，蒙特格菲兄弟把热气球升到了空中

气球在今天有什么作用?

出人意料的是，今天的气球运动正处于一个前所未有的繁荣时期。除了在加热空气的时候需要忍受"喷火嘴"的吼叫声之外，越来越多的人开始享受这种寂静无声的旅行。

现在，许多国家和全球的锦标赛中不仅有超远距离飞行比赛，而且经常会出现造型非常奇特的气球。有的气球的形状像一辆汽车，有的像阿拉伯的酋长一般，甚至还有勃兰登堡门的造型的气球出现在天空中。

关于气球类型优劣的争论，正朝着对热气球有利的方向发展，热气球可以在 20 分钟以内完成起飞准备，因为使用现代的热空气鼓风机可以将空气迅速加热。氢气球则需要更长的准备时间，而且与热气球相比更加麻烦（升空需要把压舱物卸掉，降落需要排出气体），并且在费用上也比热气球多。但是，热气球的行程有限。因此，跨越大洋和山脉的远程行驶记录，多是由氢气球创下的。不过，我们今天已经不再使用可燃的氢气，而是使用不具有危险性的氦气。

第一艘飞艇是何时建造的?

在热气球迅速发展的同时，飞艇也经历了一个短暂的繁荣时期。与气球完全依靠风力控制不同，飞艇具有相当多的优越性，因为飞艇在很多方面都是可控的。早在 1852 年，法国工程师亨利·吉法德就已经建造了第一艘氢气填充的飞艇。这艘飞艇采用 3 马力的小型蒸汽机推动。令人吃惊的是，这艘 40 米长

1999 年 3 月 1 日至日，伯特兰·皮卡德（的祖父奥古斯特也是极限球旅行的先驱之一）和布恩·琼斯乘坐气球"百年热气球 3 号"，完成了第一环球旅行。在飞行史上，是第一次成功驾驶气球绕地球的飞行行为。

在国际气球集会上，人可以在天空中看到各种形状多姿多彩的气球

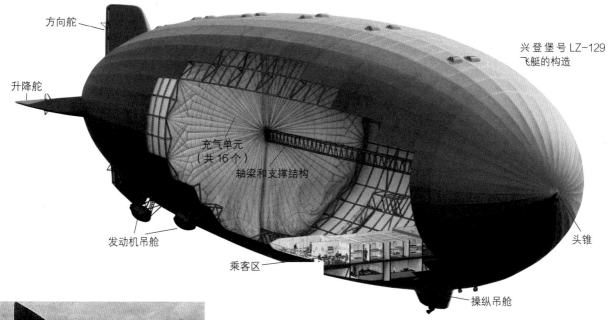

方向舵

升降舵

发动机吊舱

充气单元
（共 16 个）

轴梁和支撑结构

乘客区

兴登堡号 LZ-129
飞艇的构造

头锥

操纵吊舱

极地探险家阿蒙森（左）、领航员里塞尔 - 拉
和飞行员乌姆伯托 · 诺伯勒在探险起飞之前

飞艇 "NORGE" 号的
思是"挪威"。1926 年 5
11 日，意大利飞艇设计师、
驶员乌姆伯托 · 诺伯勒与
威极地探险家罗纳德 · 阿
森从挪威斯匹茨拜尔根岛
坐挪威号出发，这次探险
过北极点，最后到达目的
阿拉斯加。在经过 70 小
40 分钟的飞行之后，飞
完成了 5 100 千米的行程。

的飞艇最远飞行距离可
达 10 千米。直到 1900
年，德国人费迪南德 · 格
拉夫 · 齐柏林才凭借硬
式飞艇使飞艇建造结构
获得了突破。自此之后，
这种结构的飞艇都被称
为"硬式飞艇"。硬式
飞艇采用轻质铝合金制
造坚硬的格栅结构，用
以固定飞艇的外部。在
格栅结构上方盖上一层蒙皮，在内
部固定填充气体的容器，在蒙皮的
侧面固定发动机，在蒙皮内部
是乘客座舱以及飞艇成员区。
与飞机的结构相同，飞艇的尾
部也安装有方向舵和升降舵。

硬式飞艇不仅出现在德
国，在英国也曾建造过硬式飞
艇。最为出名的是德国 LZ-
127"格拉夫 · 齐柏林"飞艇，
这种飞艇由于进行了大量的长
途飞行和 1929 年的环球航行，
获得了世界性的声誉。"格拉
夫 · 齐柏林"飞艇还在南北大

西洋作为客运交通工具使用过。

"格拉夫 · 齐柏林"飞艇的后
继型号 LZ-129
兴登堡号飞
艇，是当时建
造的最大的硬
式飞艇。它的
直径达到 41 米，长度为 245 米。
我们比较一下：波音喷气客机的机
身长度才 71 米。飞艇的甲板非常
舒适。在飞艇中有一条供乘客散步
的甲板，而且还有一个吸烟室（否

**为什么齐柏
林飞艇时代
会结束？**

"格拉夫 · 齐柏林"飞艇在里约的甜面包山上方

则，甲板上的火星可能会引燃氢气），一个行包房和一个音乐厅，音乐厅中有一架轻金属制成的大钢琴，为前往南美旅行的乘客提供娱乐节目。

1937 年 5 月，这艘飞艇从法兰克福出发，并准备在纽约附近的海军基地莱克赫斯特停泊时，不幸的事故发生了：由于飞艇要在暴风雨前方长时间飞行，等待着天气能够有所好转，所以机长马克斯·普鲁斯决定将飞艇转向停泊一会儿。可能是暴风雨边缘的强对流气流把飞艇尾部撕开了一个裂缝，也可能是飞艇中露出的电缆使飞艇尾部造成了损伤。总之，飞艇和电缆由于遭受暴风雨而产生了静电。当电缆接触到地面时就产生了火花，进而引燃了从裂缝中逸出的气体。从飞艇尾部窜出一股火焰，使整艘飞艇变成了一个大火球。甲板上的 97 人中有 62 人存活了下来。13 名乘

莱克赫斯特发生的不幸，结束了大型飞艇的时代

LZ-129 的图片：操纵人员乘坐的吊篮（上图）和散步甲板（右图）

齐柏林 NT 飞艇（上图）和多用于广告宣传的软式小飞艇（下图）

飞艇机库

一个非常稳固的飞艇停靠库，对于飞艇是极为重要，例如弗里德里希港的齐林飞艇公司的机库。因为飞机不同，飞艇由于重量、外表面不坚固，所以不抵御大风和恶劣的天气，能一阵暴风或者暴雨就能轻而易举地将裸露于室外、有防护措施的飞艇摧毁。

客、22 名机组人员和一名地勤人员在大火中丧生。如果人们不使用氢气，而是使用不可燃的氦气作为填充气体，莱克赫斯特的灾难可能就不会发生。

不过，这种昂贵的稀有气体的唯一卖家——美国，拒绝了德国人的要求。那时，阿道夫·希特勒因为二战前的准备工作，在美国已是臭名昭著，人们害怕希特勒把氦气用于军事领域。

飞艇在今天有哪些作用？

兴登堡号飞艇的悲剧，也预示着飞艇作为交通工具退出了历史舞台。在第二次世界大战结束后，新的四发动机客运飞机承担起跨越大陆和大洋的任务。不过，飞艇并没有完全消失。填充氦气的软式小飞艇与气球类似，没有骨架结构，属于小型软式飞艇，这些飞艇依然被广泛使用。美国海军使用这些飞艇进行潜水艇侦查，除此之外，它们

还可用于考古测量或者监控交通状况。当然，我们还会时不时地看到，小型飞艇作为广告宣传载体出现在天空中。

后来，飞艇作为交通工具又重新出现在我们的生活中。在博登湖弗里德里希港，这里也是 20 世纪初期诞生大型齐柏林飞艇的地方，人们制造了采用新技术的齐柏林飞艇（齐柏林 NT），不算机组人员，这种新的飞艇可以运载 12 名乘客。这种飞艇可以说是一种新的飞艇，而并不是真正的齐柏林飞艇，因为它并没有采用硬质的铝合金框架结构，而是采用氦气填充飞艇，飞艇的外形为典型的雪茄状。这种"半硬式"飞艇与软式小飞艇不同，采用了支撑结构（齐柏林 NT 的支撑结构为碳纤维和铝合金），在支撑结构上固定发动机、客舱和尾翼。

飞行先驱

李连塔尔兄弟
和莱特兄弟完
成了什么？

在许许多多研究飞行器的发明家、幻想家、梦想家和设计师之中，特别要提到的是两对兄弟：德国人奥托·李连塔尔和古斯塔夫·李连塔尔，以及和他们几乎同时代的美国人奥维尔·莱特和威尔布尔·莱特。

李连塔尔兄弟长年研究鹳和秃鹰的飞行技术。奥托·李连塔尔出版的书籍《鸟类飞行作为飞行的基本理论》，成为所有投身于飞行学的人需要学习的权威著作。1891年夏天，奥托从马科-勃兰登堡的德尔威茨附近的山上，用滑翔机飞行了25米以上的距离。继此次飞行之后，他又进行了2000多次飞行试验。奥托甚至为进行试飞堆了一座小山，作为他的"飞行山"。1896年8月9日，奥托在柏林西部的里诺维尔山试飞滑翔机时坠机，颈椎折断，不幸英年早逝。当时，他正准备采用发动机来驱动飞机。

美国俄亥俄州的自行车制造商威尔布尔·莱特和奥维尔·莱特，完成了飞机制造最关键的步骤：他们给飞机装上了自己设计的、并不完善的汽油发动机。这台发动机的功率只不过12马力，不过重量足够

在莱特兄弟的出生地，人用这幅海报表示对他们的欢迎

1903年，莱特兄弟进行了第一次飞行，"飞行者"在12秒的时间内飞行了36米的距离

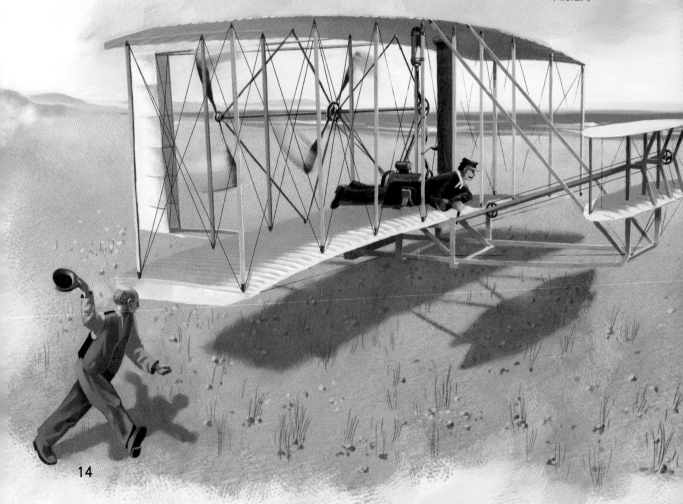

在1903年，**莱特兄弟**不是唯一冒险进行发动机动飞机试飞的人。同年的 月18日，卡尔·雅托在汉 威附近的法翰瓦尔德－海 进行过试飞，不过后人对 已经无法证实。移居美国 古斯塔夫·维斯考夫（在 国被称为"Whitehead"） 示，在莱特兄弟之前，他 曾进行过发动机驱动的飞 试飞。虽然今天我们已经 实维斯考夫设计的正确性， 事实上，我们没有办法证 实 他在莱特兄弟之前确实 身进行过飞行试验。

轻。1903年12月17日，奥维尔在北卡罗来纳州基蒂霍克的沙丘上进行了第一次飞行。当时，位于大西洋岸边的杀鬼山地区的天气很糟，"飞行者"在此飞行了36米之后着陆，历时12秒。这是世界历史上第一次可以证实的、由发动机驱动的飞机飞行！在第四次试飞时，飞机的飞行距离就已经达到了260米，"飞行者"在大西洋咸涩的空气中停留了差不多一分钟的时间。

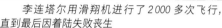

李连塔尔用滑翔机进行了2000多次飞行，直到最后因着陆失败丧生

谁是现代飞行的先驱？

在莱特兄弟之后，飞机技术得到迅速的发展。不过，最初的飞行员几乎没办法驾驭他们的飞机，那时飞行更像是一种充满刺激的冒险行为。在1914年到1918年的第一次世界大战期间，飞机技术获得了极大的提高。可惜的是，飞机并没有体现飞行员的初衷——在不同的民族之间搭建交流的桥梁，而是成

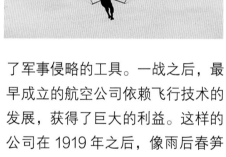

了军事侵略的工具。一战之后，最早成立的航空公司依赖飞行技术的发展，获得了巨大的利益。这样的公司在1919年之后，像雨后春笋般大量涌现，其中的某些公司今天依然存在，例如荷兰的KLM和澳大利亚的昆士兰航空公司。

法国人亨利·法尔曼（1874—1958）是欧洲最早的飞行先驱之一

这些经过改造的"战争机器"，最初被用于客运和邮递业务。很快，人们就燃起了制造真正的客运飞机的愿望。在一战结束之后，一架流线型的全金属单翼飞机出现在容克公司的机场上，这就是容克F13——第一架真正的旅行客机。这架飞机可以容纳4名乘客，甚至有自己的暖气系统。

数年后，许多勇敢的飞行员开始希望创造不可超越的记录。早在1909年7月25日，法国人路

1930年，汉德利-佩季制的 H.P.42 进行了首次试飞，是当时最安全的飞机

容克 F13 是当时第一架真正的客运飞机

阿瑟·怀特·布朗所
机在不间歇飞越大西
途中，两个发动机中
个被冰冻住了，他从
舱中爬出，敲掉了发
上的冰，飞机才继续

易斯·布赖里奥特就曾经驾驶一架
25 马力发动机驱动的单翼机，跨越了加莱（法国）和多弗尔（英国）之间的英吉利海峡。

第一次世界大战刚刚结束，人们就开始不停地尝试飞越北大西洋。1919年 7 月，英国人约翰·阿尔考克和阿瑟·怀特·布朗开始了自己的冒险旅程，他们驾驶着一架配备沉重的双发动机的维克斯 - 维米飞机，从纽芬兰飞往爱尔兰，其间有 3 500 多千米的行程。在飞行途中，一个发动机冻住了。布朗在黑暗中爬出驾驶舱，沿着支撑杆爬过机翼到达发动机，敲掉了化油器上的冰，发动机重新开始运转，飞机得以继续飞行。在差不多 16个小时的飞行之后，他们抵达爱尔兰，着陆时着陆装置断裂，导致飞机头部着地。阿尔考克和布朗是最早的完成不间歇飞越北大西洋的人，他获得了《每日邮报》高达10 000 英镑的奖金。

另一位勇士查尔斯·林登伯格在此后也不甘示弱。1927 年 5 月，他驾驶自己研制的瑞安单翼式飞机"圣路易斯之魂"号，独自飞越了北大西洋，并且赢得了从纽约不间歇飞往巴黎的 25 000美元的奖金。

这可以说是一个了不起的成就，因为他必须面对困倦、冰冻、

查尔斯·林登伯格（1902—1974）独自飞越大西洋时刚刚 25 岁

涡流和航道偏移等困难。在经过差不多 34 个小时的飞行之后，查尔斯·林登伯格降落在巴黎附近的勒保尔盖特机场。他在那里几乎脚都没有沾地，因为他已经被激动的人们抬了起来。

洛克希德－维嘉

维克斯－维米

布赖里奥特XI

英国

英吉利海峡

法国

第一位独自飞越大
洋的女性是艾米莉·艾
哈特，她于1932年5
20日完成了这一壮举

北美洲

欧洲

亚洲

瑞安"圣路易斯之魂"

德哈维兰德虎蛾式飞机

早期飞行历史
中的重要路线

南美洲

非洲

大西洋

印度洋

澳大利亚

路易斯·布赖里奥特
布赖里奥特XI（1909）

阿瑟·怀特·布朗和约翰·阿尔考克
维克斯－维米（1919）

查尔斯·林登伯格
瑞安"圣路易斯
之魂"（1927）

艾米·约翰逊
德哈维兰德虎蛾式
飞机（1930）

艾米莉·艾尔哈特
洛克希德－维嘉（1932）

由于逆风的原因，从东向西飞越大西洋难度要大很多。不过，一架容克 W33 客运飞机完成了这一壮举。

1928 年 4 月 12 日，德国人海尔曼·科尔、君特·弗莱海尔·冯·胡恩菲尔德和爱尔兰陆军少校弗里莫里斯驾驶着容克 W33，完成了从爱尔兰到纽芬兰附近的格灵莱－艾斯兰的 6 700 千米路程。在 36 个小时的飞行之后，他们紧急着陆。然后，他们乘坐火车前往纽约。在那里，潮水般的人群像欢迎英雄一样迎接了他们。

容克以 F13 为蓝本
行改进。这些飞机直到一
结束时，还基本是由木质
金属框架以及织物覆面组
飞机设计部门在 20 世纪
年代和 30 年代开始制造
金属飞机。这种飞机与以
的飞机相比有大量的优
例如，机翼可以不再使用
撑结构，这就表示没有产
阻力的支杆，使飞机的飞
速度更快。金属飞机的使
寿命更长，而更高的稳定
对于乘客和机组人员来说
意味着更好的安全性。

英国飞行员艾米·约翰逊（1903—1941）在 1930 年独自驾驶德哈维兰德虎蛾式飞机，从英国飞往澳大利亚。这次旅程共持续了 9 天半的时间，约翰逊女士在这次旅程中创造了一个记录：她从伦敦飞到印度只用了 6 天的时间。1941 年，她和她的飞机悄无声息地消失在英吉利海峡上空

德国汉莎航空（最早为 hansaag）是 1926 年月 6 日由汉莎航空、德国洛伊德航空和容克航空组的联合公司。20 世纪 30 代，汉莎航空公司在勘探的航空线路和建立空中航方面，起到了非常重要作用。在第二次世界大战束之后，汉莎航空公司于 55 年重新成立。今天，汉航空公司已经是世界上最和最重要的航空公司之一。前，汉莎航空公司和它的公司已经有 300 多架飞机。

Fw 200 "秃鹰"飞机

和它的名字相近，这是一架在不来梅弗克沃尔夫工厂生产的 26 座飞机。1938 年 8 月 10 日，这架飞机完成了从柏林到纽约的不间歇飞行，飞行时间仅为 24 小时 56 分钟。由此证实了跨大西洋飞行，不仅只是水上飞机可以安全实现，陆基飞机也可以安全完成。

民用航空飞行完全与此相反，它们不追求一时的轰动效应，而是更多考虑日常的安全飞行。阿尔考克、怀特·布朗、林登伯格和 1919 年驾驶维克斯－维米飞机从伦敦飞往澳大利亚的达尔文·罗斯和凯特·史密斯这些飞行先驱们的壮举，告诉我们安全飞行是完全可以实现的。只不过，普通乘客要乘坐飞机完成安全飞行，还需要时间。

飞行先驱与现代航空有什么关系？

这些飞行先驱在跨越太平洋、沙漠和山脉，以及环球航行的飞行中取得了非常巨大的成就。不过，其中的许多人是将此作为赌注的。普通的飞机乘客是不能接受这些冒险性的行为的，因此这些成就对普通的客运交通并无太大的意义。

20 世纪 20 年代末，装有 12 个发动机的道尼尔 Do X 是当时世界上最大的飞机。这种装修奢华的水上飞机能够容纳大约 150 名乘客

航空理论

大型喷气式客机为什么能够升到空中?

为什么一架重达 340 吨的喷气式客机能够飞到天空中呢? 每一个能将船停靠在岸边的人都可以回答这个问题, 前提是他要能在流动的水中控制船只。当船只将要靠近岸的时候, 船身就会被自动"吸"到岸边。原因在于:拱形的船帮使水在船身和岸体之间逐渐变窄的区域中的流动速度逐渐加快。由于水的流动速度加快,从而产生了漩涡。

瑞士物理学家丹尼尔·伯努利（1700—1782）发现了这一规律:如果水流动的速度加快,压力就会降低,相对周围流动速度较慢的液体就会产生一个负压,也就产生了漩涡。与此相反,如果水流动的速度变慢就会产生一个超压。伯努利定律不仅仅适用于液体,同样也适用于气体。

人们利用这一理论设计了飞机机翼的剖面结构,使得在上表面空气由于行程较长、流动速度较快而形成漩涡,在较短的下表面空气流动速度较慢而产生压力。这就是秘密的全部。当然,只有在机翼移动起来时,才适用这一

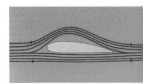

飞机机翼的示意图:空气流动速度在拱形的上表面较快,较短的下表面较慢。于是,拱形的上方产生漩涡,下方产生压力。

法兰克福机场拥有 3 条飞机起降跑道（参见卫星图片）

大型喷气式客机**起飞跑**的长度必须达到数千米，才使沉重的飞机获得起飞所需速度。对于较小的滑翔机和动飞机来说，几百米长的草跑道就够了。不过，谁要是驾驶飞机飞往南极，就要降在冰雪跑道上了。

规律。这表明飞机只有在获得一定的速度时，才会从地面上升起。在浮力和阻力原理发生作用之前，飞机的重量越大，起飞需要的行程也就越长。推动力能够为飞机提供起飞所需的速度，而飞机的推动力又是由螺旋桨的拉力，或者是喷气推进装置的推力提供的。

喷气推进装置是如何运行的？

在 20 世纪 60 年代初期，波音 707 飞机作为第一架四发动机远程飞机，在世界范围内受到航空公司的好评，成为飞机制造业的一个新的发展趋势，最终使民用航空中使用的活塞式发动机被喷气式发动机所取代。最先使用四发动机的飞机为"彗星"（英国）、"快帆"（法国）和双发的 TU-104（苏联）。不过，取得最大突破的当属波音 707 和与波音 707 大小相当的四发动机飞机道格拉斯 DC-8。

4 个大型喷气发动机，可以将总重量相当于 400 部轿车的喷气式飞机推到空中

早在第二次世界大战开始前，德国就已经研制出了第一架配备喷气推进装置的飞机亨克尔 He78。在二战末期，出现了采用全新推进装置的战斗机。然后又过了大约 15 年，这种新动力在交通运输领域的运用才真正成熟。

喷气式飞机相对于配备活塞发动机的螺旋桨飞机而言，具有非常多的优点：喷气式飞机的飞行速度和飞行高度比螺旋桨飞机高一倍，

极高的速度（约 1000 千米 / 时）从推进器中向后喷出，并产生反推力，将飞机向前推动。这个反推力也被简单地称为推力。在气体喷出推进器之前，气体还有一个作用，它会使另一个涡轮叶片，也就是真正的涡轮旋转，并以这种方式驱动压缩机。

最早的喷气推进器只有两个缺点：它们产生的噪音大得让人感到恐怖，而且耗油量极高。噪音主要是由发动机喷出气体和大气中的平静气流（尤其是在强风时）之间的速度差造成的。

现代的喷气式发动机能获得涡轮中喷射气体的大部分能量（同时还有它的速度）。这些能量被用来驱动风扇。同时也包括巨

涡轮螺旋桨发动机

这种发动机结合了喷气式发动机和螺旋桨发动机双重优点。它也是将空气吸入、压缩，并与飞机燃油一起在燃烧室中燃烧。喷出气体产生的推力并不用于将飞机向前推动，而是借助涡轮驱动螺旋桨。因此，人们称它为涡轮螺旋桨发动机。采用这种发动机的飞机，飞行速度比喷气式飞机慢，油耗也相对较低。

组装在一起的喷气式发动机，图中左侧为发动机风扇的叶片

而且在云层和气流上方飞行更加安静。不过，最重要的是，发动机中的移动部件和易出现故障的部件也减少了一半。

喷气推进装置的原理非常简单：借助旋转的大量叶片将空气吸入压缩机，并且使气体剧烈压缩，同时压力和温度升高。然后，空气进入燃烧室，同时飞机燃油也喷射进入燃烧室，并被点燃。炽热的燃烧气体以

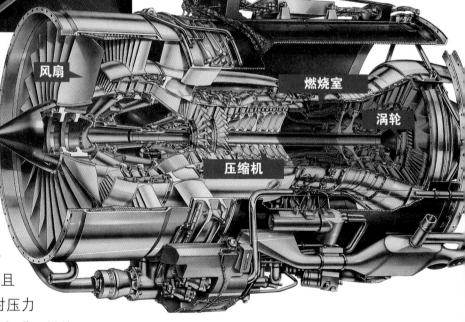

一台涡扇发动机压缩机的左侧为压缩机，中间为燃烧室，右侧为涡轮

风扇　燃烧室　涡轮　压缩机

小翼是位于翼尖位置处空气动力学辅助机翼。看上去小翼像是有人把机翼末端向上折弯的样子，不过小翼能够帮助飞机节省燃油。小翼能够降低翼尖位置处的空气涡流，减小飞机在空气中产生的阻力。

大的涡轮风扇，也就是我们站在喷气式发动机前面看到的风扇。风扇能够加快空气的流动速度，并产生必要的推力。然后，只有风扇吸入的一小部分空气会被导入压缩机，接着进入燃烧室和涡轮，其他的部分从外侧流过，没有进入压缩机。因为外部空气的速度大大低于燃烧气体的速度，所以产生的噪音相对较小。涡轮发动机产生的噪音不仅明显降低，而且燃油消耗也低很多。

今天，人们必须为不符合最新噪音标准的飞机的起降，支付更多的费用；如果噪音越低，支出越少——这也是一种保护环境的有效措施。

什么是"着陆襟翼"和"前缘襟翼"？

飞机只有在达到一定的速度时，才能从地面上起飞。飞机重量越大，起飞距离也就越长。因为现代的喷气式飞机在起飞和降落时竖起的角度特别大，所以机翼上的气流存在中断的危险。出现这种情况时，飞机可能会无法正常运行，继而无法继续获得升力。因此，喷气式飞机在起飞和降落时会将前缘襟翼打开，使空气继续流经机翼。

着陆襟翼能够增加升力，因为着陆襟翼能够增加机翼的面积，并且能够强化剖面的拱形结构。虽然是着陆襟翼，但是在起飞和着陆时着陆襟翼都会打开，借助辅助升力使飞机起飞，或者在速度较低时着陆。但是，如果着陆襟翼能够提供

大型喷气式客机在着陆前：着陆襟翼完全打开

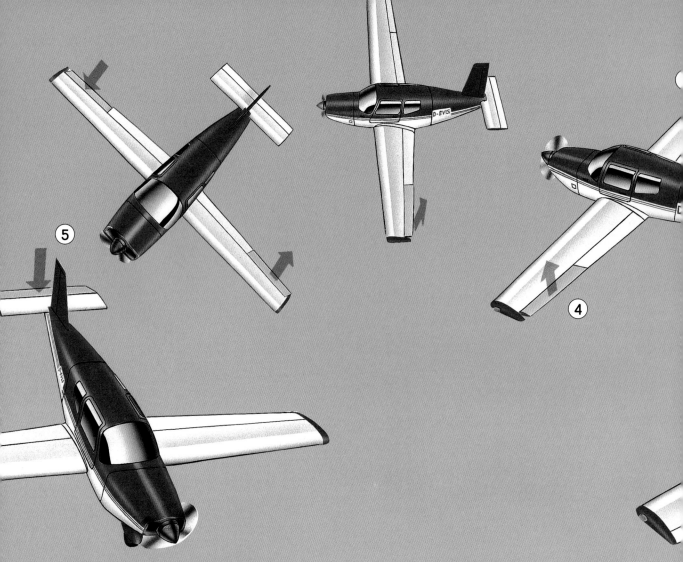

更多的升力的话，为什么在整个飞行期间不一直打开着陆襟翼呢？这是因为着陆襟翼也会增加阻力。如果飞行员在着陆之前打开了飞行襟翼，将会消耗更多的能量。这会造成更多的飞行费用，此外还会对飞行速度产生阻碍。

飞机是如何被操控的？

与汽车和其他陆路交通工具不同，飞机以三个轴控制：尾部的（水平）升降舵用于控制横轴，同样位于尾部的垂直方向舵控制竖轴，机

电脑操纵飞行

德文翻译为"Flieg mit Droht"，这表示控制或者踏板的移动，不再通拉索或者拉杆传递给升降舵方向舵和副翼。取而代之的是由一部电脑将电子信号送至一台小电机，然后电控制舵的偏转。电脑同时承担其他任务，例如飞机否能够承受控制杆的剧烈动，而导致坠机，并且电还能够将舵的移动限制在个安全的范围内。

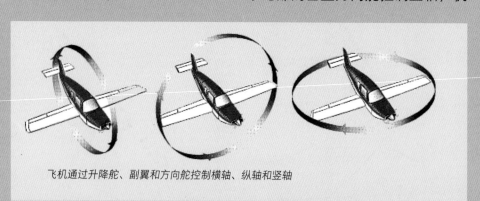

飞机通过升降舵、副翼和方向舵控制横轴、纵轴和竖轴

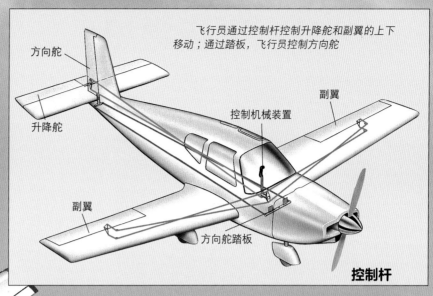

飞行员通过控制杆控制升降舵和副翼的上下移动；通过踏板，飞行员控制方向舵

方向舵

升降舵

副翼

控制机械装置

副翼

方向舵踏板

控制杆

① 飞行员将控制杆拉向自己，升降舵向上移，飞机爬升。② 飞行员踩踏左侧的踏板，方向舵向左移动，③ 右侧的副翼向下移动，④ 左侧副翼向上移动，⑤ 飞机向左移动，进行左转弯。如需要降低飞行高度，飞行员只需要向前推动控制杆。升降舵就会向下移动

翼上的副翼控制纵轴（见示意图）。方向舵由飞行员通过踏板来加以控制，副翼和升降舵通过控制杆操纵，根据机型的不同，控制杆的形状可能与 F1 赛车的方向盘（被称为"控制轮"）或者与电脑游戏操纵杆（英文被称为"sidestick"）类似。虽然两个飞行员之中只有一个人控制飞机的飞行，但是驾驶员座舱之中始终有两套踏板和控制杆。

飞行常识

传送带将行李运送至飞机

起飞前要做哪些准备工作?

当我们乘坐飞机外出旅行时,一般在飞机起飞前一两个小时到达机场;远程飞行时,到达机场的时间可能还要早。这是因为,将大型喷气式客机多达 400 名乘客的行李送上飞机,需要一些时间。如果每名乘客都在最后一刻到达机场,这项任务是不可能完成的。

在办理登记手续的柜台处,我们必须出示自己的机票,然后获得登机卡。从登机卡上,我们可以了解自己的位置、登机时间和登机口,

否则可能会误机。同时,我们还必须托运自己的大件行李,因为机舱中没有足够的空间放置大件行李。忙完这些之后,我们还剩下一点点时间,可以吃小吃或者购物闲逛一下。大概在飞机起飞前半个小时,机场工作人员会通知开始登机。

临近上飞机时还有许多事情需要处理。我们乘坐的飞机可能刚刚降落,还在机场大楼(候机楼)前的停机坪上滑行。机内乘客和机组人员正在下机。机场工作人员正将卸下的行李运往候机楼,同时将垃圾和剩下的食物取下来,并准备下一班次的食品和饮料,他们还要清洁飞机马桶的收集箱,同时清洁整个机舱的清洁筒。此外,他们还要整理枕头和毛毯,或许还要更换一些坏了的灯

现代机场的行李传送可能会长达**数千米**,使每行李能够到达目的地,同还会给行李分配一个标签上面标有目的地和航班号及行李主人的编号等。打的条形码同样包括所有此的信息,并且条形码能够传送带上被扫描器读取,超市的柜台类似,以保证李能够被正确地运送到相的机场。

在登机手续柜台办理登机手续的乘客

X光检查设备用于检查违禁物品

行李被装进行李舱

在慕尼黑机场候机楼前，
停放着不同航空公司的飞机

指示员做出不同的手
势，让机组人员了解
飞机停放的准确位置

泡。在此期间，我们的行李以及其他乘客的行李将会到达飞机，并被装入行李舱。所有这一切完成得极为迅速，在飞机着陆的 90 分钟后，它又会带着乘客和新的机组人员再次起飞。

机组人员需要为飞行做哪些准备工作？

在飞机起飞前约一个半小时，机组人员将进行简短的例会。机长在此之前从新闻机构了解了天气情况，并且签字同意调度员的飞行计划。同时，飞机驾驶舱的机组人员还要确定需要加注的燃油量。

在例会室内，客舱乘务员已经讨论了飞机需要提供的服务（饮料、食品等），同时还包括紧急状况和特殊情况下的应对方法。接着机长需要介绍驾驶舱乘员，并对将要进行的飞行做简短的介绍："本次从法兰克福飞往纽约的航班，飞行时间为 7 小时 4 分钟，当然前提条件是降落在肯尼迪机场时不会发生延误。沿着今天的飞行路线，我们将会到达北纬 62° 和格陵兰岛南部，然后会到达美洲海岸甘德市附近。在西经 30° 附近预计将会出现涡流。这次飞行的天气情况较为

监控停机坪上的交通状况

飞机着陆后正在加油

恶劣，因为在此之后，在墨西哥湾上空估计还会出现中级的涡流。乘客们还有什么情况需要说明？"

接着，一般会由机舱乘务人员通告特殊情况和一些重要乘客。

例会结束后，机组人员开始登机。飞行员着手检查设备，并在机载电脑上设定飞行程序。同时监控飞机的油量，并浏览电子飞行日志上出现的故障和排除情况。相关航空公司的主管或者代表会与飞行员讨论可能出现的特殊情况。在起飞前，航空公司的地面工作人员会将配重表交给飞行员。根据配重表，飞行员能够了解飞机的起飞重量、载运货物，最重要的是货物的分布情况。

乘务员在进行培训

在驾驶舱中，飞行员正在讨论配重表

目前，**机组人员**主要是由两个飞行员组成，也就是机长和飞机副驾驶员，飞机副驾驶员也被称为大副。在一些较老的飞机上，还有一名飞行工程师。另外，根据飞机大小和乘客数量，还有1至12名乘务人员，由一名事务长负责。

驾驶舱机组人员在起飞前，检查起落架是否正常

一英尺相当于 30.48米。一般情况下，我们用米度量长度，使用千米/时度量速度。大多数家在航空飞行中使用英和美国常用的度量单这是因为第二次世界战结束后，大多数的飞都来自这两个国家。飞高度使用英尺说明，速使用航海中常用的节来明。一节相当于 1.852米/时。

法兰克福空中航线表

飞机是不是也有专用通道？

作为交通工具的飞机，都要沿着航空线路飞行。这些空中航线是由安装在地面的无线电信号台确定的。目前普遍使用的设备是 VOR（极高频多向导航台），这是一种超短波多向导航台。在起飞之前，飞行员就会在导航电脑中清楚了解飞行线路上的 VOR 数据。

在飞行途中，飞行员可以从显示屏上观察飞行的路线，从而进入下一信号台的区域。大多数情况下，机组人员根本不必进行控制，而是完全由自动驾驶仪进行控制，按照设定的线路飞行。

现代导航技术使确定飞行航线的系统在数年之内变得多余。采用卫星导航系统，可以使飞行员在任何时候都能够确定自己的位置，而不需要导航台，例如目前的 GPS（全球定位系统）。

什么是盲目飞行？

"盲目飞行"这一名称容易引起误导。如果飞行员真的闭着眼睛驾驶飞机的话，恐怕是不太可能完成飞行任务的。因为飞行员还必须观察仪表，从仪表上了解飞机的位置、飞行的航线以及飞行中遇到的各种情况等，例如代替真正地平线的人工地平线。所以，准确的说法应该是"仪表飞行"。仪表在飞行中充当了飞行员的"眼睛"。

如果在着陆前天气情况恶劣，仪表着陆系统（ILS）会为飞行员提供支持：有一个位于着陆跑道末端的发射器会发射出两个信号，向机组人员说明高度和路线。飞行员在座舱内，可以从仪表着陆系统（ILS）设备上，读取飞机偏离下滑航道和降落航线的距离，并做出相应的修正。

仪表着陆系统于 20 世纪 50年代开始使用，此后逐渐完善。今

借助仪表着陆系统，飞行员可以确定飞机距离最佳着陆航线的距离：左侧的红色垂直线显示飞机应该继续向右飞行，左侧的红色小三角表示飞机应该攀升。如果飞行员看到的是右侧的图示，则飞机应该向左飞行，并降低高度。如果出现中间的图示，则表示飞机完全位于正确的着陆航线上

天这套系统更加准确，误差更低。在未来，这套系统也将会被卫星导航系统代替。

现在，飞机已经可以做到全自动着陆。在这期间，自动驾驶仪将会按照仪表着陆系统的信号对飞机进行控制。

"自动着陆"的表达非常准确，而"盲目飞行"并不清晰明确。因为在"盲目飞行"时，飞行员需要注意的方面更多。任何时候，自动仪表都可能出现故障，尤其是遇到

一些意外情况，从而使飞机无法百分之百的准确降落。

因此，在能见度非常差的情况下，飞行员在最后的时刻可能需要启动手动驾驶系统。这一决定需要机长在极短的时间内完成。因此，飞行员在某些时候所受的压力，比以前"手动"着陆时更大。

着陆跑道上的灯光引导飞行员到达正确的着陆位置

绩就可以了。不过，有一点就是要在很多方面同时取得这一成绩。如果一个在体育领域获得极高分数的申请人在心理测试方面不及格，那么想当飞行员也是很有可能办不到的。或者一位数学家能够解决所有三角函数方面的难题，但是一个英语单词都不会，也同样不适合飞行员这一职业。因为一个人无论如何都会遇到无法解决的问题。对于情况的实际预测往往会是："对不起，这个我无法完成。这根本行不通。"

此外，根据飞行职业特点和航空实践表明，飞行员的心理品质也有比较特定的要求。这些包括良好的性格特征（一般需要热情、开朗、乐观型的）、情绪的自控能力、坚强的意志力和敏捷有效的思维判断能力。

领航员负责维护空中交通秩序

领航员有点类似空中警察的角色，但他们不能开单，只是负责保证空中不出现堵塞或者事故。在显示屏上，领航员会准确追踪每架飞机的具体位置，并通知飞行员需要飞行的高度和速度。领航员还需要保证飞机在起降期间能保持足够的间距。

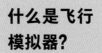

飞行员必须具备哪些素质？

孤胆英雄已经不是这个时代所需要的了——飞行探索的时代已经过去。航空公司不再需要通过某项成就来宣传自己，而是希望每天都能够安全完成飞行。另外，虽然飞行员在每个月的飞行计划中都有休息日，但是飞行员必须考虑一些小变化，例如生病或者计划外的变故等。如果想要有一个规律的生活方式的话，最好放弃飞行员这一职业。

飞行员并不像我们常认为的那样极难胜任。这一工作不要求取得非常高的分数，而是达到平均成

什么是飞行模拟器？

早在20世纪30年代，驾驶双发动机或者三发动机的道格拉斯、福克、容克螺旋桨飞机的驾驶员，就已经使用模拟设备进行飞行训练，这就是林克训练舱。

现代的模拟器都来源于这种较为简单的设备。这种用于培训的设备有一个驾驶舱，与飞机的驾驶舱几乎完全一样。在座舱后方是培训机长的座椅和操作装置。在控制台上可以预先设定所有可能出现的故障，例如在起飞最关键的时刻发动

与一般的说法不同，**需佩戴眼镜的人**完全可以任飞行员的工作。只要屈度不超过 +/- 3，都可以清大多数航空公司的飞行职位。其他条件还包括通职业高中会考或者职业培毕业证等。

有些航空公司会自己培飞行员，有些航空公司只用在飞行学校获得飞行执

的独立飞行员。不过，在行学校学习的学费也非昂贵，学员至少要花费000 欧元才能获得职业行员执照。

机失灵，在着陆放开起落架时液压装置出现故障，驾驶舱着火冒烟，电气装置完全失效等一些紧急状况，这些情况不能在真正的飞行中进行训练，否则太危险了。

机组人员不仅可以在模拟器上训练操作飞机的仪表，飞行学员还需要被绑在座椅上，模拟飞机着陆前的情况，并且还会模拟出现剧烈涡流时的震动和晃动情况，所有这些都可以在模拟器上完成。在着火时飞行员必须迅速带上面罩，因为冒出来的烟是真实的。甚至还会出现噪音，例如全速推动出现的噪音、反推噪音，以及在混凝土路面上着陆时轮胎摩擦路面的声音等。

当然，模拟器驾驶舱的玻璃不会出现模拟器所在大厅的样子，而是用显示屏代替，在显示屏上会模拟云层和陆地景色，与飞行中见到的情景类似。

例如，如果在着陆前穿过了云层和伴有强烈涡流的暴风雨，跑道就会在显示屏上出现，与实际情况几乎完全一致，这时候飞行员可以根据情况制动着陆，飞行员就会从肩部安全带上感觉到制动压力。

今天，最新的模拟器已经非常完美，在新一代模拟器上训练的飞行员，需要学习所有的复杂程序，并且获得执照，而不需要在真正的飞机上进行实际飞行。

模拟器驾驶舱与飞机驾驶舱完全一样

模拟器从外面看，与真飞机并没有什么相似的地方

飞机座舱

自莱特兄弟试飞之后，飞行员的工作场所发生了巨大的变化。实际上，最早的飞机不带有任何仪表，最多只装有一个显示油量的指示器。现在，飞机构造变得越来越复杂，承担的任务越来越多，安装的仪表设备也越来越多。

很快就出现了速度计和高度仪。在20世纪30年代最早出现"盲目飞行"的时候，由于视线受限或者根本看不到飞机外部的情况，人们在驾驶舱中安装了人工地平线。这些设备会告知飞行员飞机的位置，飞机是否正在转弯，飞机在攀升还是在降低高度，还是在沿直线飞行。

现在，无线电设备和导航设备出现了，监控发动机的设备数量也越来越多。

这里可以设置自动驾驶仪，飞行员能够□□不同的显示屏，并选择显示屏上出现的选项□□天，在波音777等飞机上可以完全实现光标□□与便携式笔记本的操作类似。

操纵杆

使用类似电脑游戏控制杆的飞机操纵杆可以控制大型飞机，例如空中客车等。

主飞行显示器

主飞行显示器（PFD）也就是显示飞机最主要信息的显示屏，包括驾驶舱中的不同的仪表。中间为人工地平线，左侧边缘处为速度显示器，右侧为高度计，在右侧最边缘处是爬升率测定仪，确定飞机爬升和降低的速度。另外飞行员还能够从PFD上了解到距离下一路标的距离信息，以及自动驾驶仪是否已开启和飞机偏离规定着陆路线的距离（由仪表着陆系统ILS确定）。

导航显示屏

导航显示屏与地图类似，依据导航显示屏飞行员能够识别飞机飞行的方向，并且确定飞机是否偏离了规定的线路。大多数情况下会在显示屏上记录着陆和起飞路线以及规定的飞行路线。显示屏也用于显示气象雷达、碰撞预警装置（TCAS）、地面警报系统（EGPWS）等信息。飞行员可以在显示屏上了解飞机是否会遭遇暴风雨或者正在接近一座高山，或者发现一架飞机正在附近飞行等。

飞行管理系统

飞行管理系统用于"管理"飞机的飞行。起飞前飞行员将飞行路线输入该系统，并在飞行途中根据此系统进行修改。

很早以前，在飞机中就已经开始使用计算机，在很多年前，飞机驾驶舱中有数不清的开关和仪表（在最早的波音747飞机中超过900个），今天一般使用大型的显示屏。飞行员驾驶舱变得更加简洁，因为不必显示所有的信息，而只显示需要的信息。显示器的排列、大小和功能根据生产商的不同而不同，不过基本装置是一样的。每个飞行员面前都有一个主飞行显示器（PFD）和一个导航显示屏（ND），这是两个较大的外部显示屏。两个中型显示屏（小型飞机往往只有一个），也就是多功能显示屏（MFD），用于显示不同飞机系统（液压系统、起落架、推进装置数据等）的信息。为了确保飞机的安全，飞机中最重要的仪表还是必备的，例如高度仪、速度计和人工地平线等，使显示屏失灵时飞机还能够继续飞行。

头顶控制面板：包括液压系统和电气装置的指示灯和报警灯。

多功能显示屏

多功能显示屏用于显示推进装置的数据

方向舵踏板

置控制系统

20世纪20年代容克F13（上图）的驾驶舱非常简单，而弗克沃尔夫公司生产的Fw200"秃鹰"飞机（右图）拥有大量的开关和拉杆，这增加了飞行员操纵飞机的难度

现在，飞机的设计不在绘图板上进行，而在电脑上完成

在进入飞行之前，工程师和飞行员检查驾驶舱内，确认所有的设备正常运行

飞机制造

飞机是如何生产出来的?

从设想制造一种新型号飞机，到第一架样机出厂，这中间至少需要 10 年甚至更长的时间。在第一个部件完成前的很长一段时间，专业人员们就必须确定需要制造哪种飞机，以及在 10 年、20 年甚至 30 年间内总共所需的数量。

他们会咨询飞机制造商，外形应当如何设计才能使它们更为畅销。飞机上需要安排多少个座席？设置一条还是两条旅客通道？它的最长飞行距离是多远？而且首要的问题是它的造价需要控制在怎样的范围内？只有搞清楚了这一系列问题之后，工程师们才能够投入工作。

新飞机就这样慢慢地在他们的图纸上成型，当然现在他们更多的是使用计算机进行设计。数百名来自航空科技不同领域的研究人员开始共同协作。

空气动力学专家负责设计机身、机翼和尾翼，以保证乘客、行李以及某些特殊情况下货物的搭载，确保飞机能够满足制造商所需的飞行速度和飞行距离，尽可能地减小空气产生的阻力，以降低燃料的消耗。

静力学家的任务是，尽可能将飞机建造得更为坚固，从而能够承受可预期的负荷，比如暴风雨或者着陆时所产生的猛烈的冲击力。在他们的计算中，还必须考虑到飞机零件在飞行过程中有可能产生的变形。每个曾经在机翼旁边靠窗座位坐过的乘客都可以证实，透过窗户可以多么明显地看到机翼的末端部分是向上弯曲的。

航空电子学专家要考虑的是，应该安装哪些计算机、显示屏、导航和无线电设备。

最后轮到推进器制造商思考的是，他们是否已经为计划制造的飞机准备好了合适的推进装置，或者是否需要专门为这种款式的飞机研发新的推进器。

CATIA 是一个计算机程序的代号，它现在被应用于许多飞机项目中。画板已经被键盘、鼠标和其他辅助工具所取代，在计算机上来对新型飞机进行设计。减轻了由于改动带来的工作负担，因为设计者们不再需要在成堆的图纸上一一进行改动了。而且单个零件的尺寸，也可以直接发送到由计算机控制的生产机器。这样一来，即使是巨大的部件也可以毫厘不差地安装在一起。

飞机的空气动力学特性在**风洞**里进行测试，比如升力和阻力。一般测试人员使用计划生产飞机的较小的样机。为了模拟飞行的真实情况，测试人员用一个巨型的风扇来加速空气的流动，让风刮到固定好的飞机上。在采用计算机模拟方法之前，风洞试验是新飞机首航前测试飞行特性的最重要的方法。

因为他们的计算机都通过网络相互连接，工程师们就可以随时知道同事们的工作进度。而且，即便是彼此的工作地点相隔千里之外，也不会产生任何影响。当某个部件做出一定的改动时，他们就能很快知道这一改动对自己目前的工作产生的影响。以前，只有当样机制造出来之后，人们才能发现某些零件并不能精准地配合在一起，不得不再进行改动。

最后，当飞机终于设计完成了，它暂时只存在于计算机的屏幕上，工厂里的工人连一块金属也摸不着。只有当预订达到了足够的数量，才会发出建造这种新飞机的指令——第一架样机的制造，终于可以开始了。

空客公司设在图卢兹的总装车间，将许多零部件最终安装成一架"真正的"飞机

飞机有生产流水线吗？

莱特兄弟在自行车修理车间里制造出了他们的第一架飞机。威廉·波音，当今世界最大的飞机制造商、波音公司创始人，起步于一个改造过的马厩。只要能够最大限度地造出一个型号的部分样机，一切都有了希望。

时至今日，波音或者空客公司，是横跨德国、英国、法国和西班牙的飞机制造商联合体，拥有巨大的总装车间以完成飞机的装配。在这个车间里，机身、机翼和着陆装置等单个部件，被装配到一起成为真正的飞机。人们在汽车工业当中所熟悉的流水线作业，即便到今天在飞机制造中也不存在。因为相比而言，飞机的产量实在是太少了。对于大型的汽车制造厂商而言，每

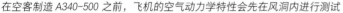

在空客制造 A340-500 之前，飞机的空气动力学特性会先在风洞内进行测试

一种型号的车都会生产成千上万台。而对于一种型号的客机而言，如果能够卖出 500 架就已经是极大的成功。因此，每个飞机制造商对于在机舱里设置多少座席，乃至对厕所和厨房都有不同的要求，对于头等舱是否需要安排特别舒适，甚至可以变化成床的座席，也都有不同意见。

试验机存在危险性吗?

当一架新飞机的样机第一次飞上天空时，所有参与这一项目的人都抱着一种惴惴不安的心情。但与 20 世纪初的那些飞行先驱们相比，很少有人会怀疑这架飞机是否真的能够飞起来。因为现今的飞机研发人员具有丰富的经验。就目前而言，飞机首航和此后千百次试飞的目的，只是为了确定它的实际表现，是否与计算机设计的模型一致，同时证明它能够满足生产商和顾客的所有需求以及管理部门的要求。因此，试验机是在普通飞行很少或者根本难以遇到的情况下进行飞行，比如非常低或者非常高的速度、极高或者极低的外部温度，或者在仅有一个推进器工作的情况下。

尽管如此，现在的飞机试飞仍然有可能发生意外，因为在这个过程中还会发生一些工程师们无法预见的事情，有可能复杂的科技对人们提出了过高的要求，或者飞机本身的表现和此前计算机的计算结果并不尽相同。此外，试飞员也是普通人，也可能犯错，这就有可能造成紧急迫降或者坠机的严重后果。

谁制造了世界上最大的飞机?

现代飞机的长度，完全可以让第一架发动机驱动的飞机在它的内部进行拼装。奥维尔·莱特的飞行者 1 号只有 36 米长，而现今世界上最长的客机空客 A340-600 的长度超过了 75 米。世界上最大的飞机波音 747-400 虽然在长度上短了 5 米，但由于它拥有更宽的机身和隆起的背部，搭载的乘客最多可达 560 名。2005 年以来，这个数字被空客 A380 打破，它拥有双层的机舱，普通情况下可搭乘 550

《会飞的箱子里的士》是一部有关早期飞行幽默影片，但"勇士"肯不是指试飞员。他们当中大多数除了接受过飞行知方面的培训，以及试飞员集训之外，还必须具有工师的身份和丰富的技术知

跟以前不同的是，他们在一次试飞前，就已经在新机里有了很多个小时的飞经验——当然是在模拟器

支线飞机

并不是每一条航线上的每一架 100 座甚至有更多座位的飞机，都能够被定期往返的乘客坐满。而且，也不是从每个机场都有飞往伦敦、纽约或者悉尼的飞机。为了满足那些从汉诺威飞往巴塞尔，或者是从多特蒙德飞往法兰克福，在那里转乘飞机前往旧金山的旅客的需求，于是就产生了支线飞机。

在以前，支线飞机使用的还是螺旋桨发动机，但现在已经越来越多地使用喷气式发动机。根据支线飞机的大小，可分为 30 座、50 座或者 80 座。当然，支线飞机不如飞行距离较远的大飞机舒适。不过，乘坐支线飞机可以不用像开车或者搭火车那样麻烦和耗费时间。

安东诺夫的 AN-225 是世界
最大的飞机

"大白鲸" 是一种非同
常的运输机。它是由空客
300 客机改造的，目前数
很少。虽然它不能运载特
沉重的东西，但是能够容
体积特别庞大的建筑构
。因此，欧洲飞机制造商
客让这种飞机在不同的工
之间运输飞机的部件。

名乘客，但也可以扩展到 853 个
乘客座席。就标题中"世界上最大
的飞机"这种说法，严格来说，洛
克希德 C-5A"银河号"或者是安
东诺夫 AN-124"鲁斯兰"也应该
在其中。但这些飞机并不搭载普通
的乘客，而是作为军事上的运输机

来运送军队和装备。它们的大小与
波音 747 相仿，但在运送重型货
物的能力上要远远超过后者。

AN-225"梦幻号"要比它们
更大。作为苏联最重要的飞机制造
商之一，安东诺夫仅生产了一架这
样的飞机。它的机身上安装了 6 个
推进器，使得这架巨大的飞机能
够运载重量最多可达 250 吨的货
物——这个数字几乎是空客 A320
所能运载重量的三倍。而且不管从
长度还是宽度上来说，它都要比波
音 747 和空客 A380 更大。因此，
AN-225 可以当之无愧地称为世界
上最大的飞机。

"大白鲸"不仅用来运
输空客的飞机部件，有时
候也用来运输 BO-105 直升
机这样的庞然大物

直升机

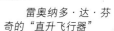

雷奥纳多·达·芬奇的"直升飞行器"

直升机是何时出现的?

早在 1475 年，著名画家、发明家、建筑师雷奥纳多·达·芬奇就已经画出了直升机的草图，这是一种借助向各个方向旋转的机翼飞行的机器，并且能够垂直地从地面起飞。

然而，直升机直到 1907 年才第一次真正飞上天空。这架由法国人保罗·科尔努设计的、带有两个旋翼的机器成功地离开地面，在空中停留了几秒钟。1923 年，西班牙人胡安·德拉谢尔瓦设计、制造了一架所谓的旋翼飞机或者旋翼直升机，它借助一个相当普通的前进螺旋桨和一个并非自身推动的旋翼，成功飞行了 12 千米。

1936 年，亨利希·福克教授在不来梅制成了第一架可以实际使用、带有两个旋翼的直升机。著名的试飞员汉娜·莱契用这架飞机，在柏林德国馆里展示了自己完美的飞行技巧。三年之后，出生于俄国的西科尔斯基在美国制成了第一架我们今天所认识的直升机——仅使用一台主旋翼，并在尾部配有一个小型旋翼。

直升机是如何飞行的?

直升机拥有许多普通飞机所不具备的功能，它能够在空中停留、向侧面飞甚至向后侧倒飞。

直升机旋翼能够代替普通飞机的机翼完成上升，与此同时，它也能像普通的螺旋桨推进器一样制造向前的推进力。如果飞行员将旋翼向前倾斜，那么有一部分由旋转制造的动力就不再向上（上升），而是向着飞机前进的方向（推进）。尾部的小型旋翼（在一些美制的直升机上用风扇代替）能够确保方向的稳定性，避免直升机在飞行中出现打转的现象。

直升机的飞行方式与普通飞机完全不同。因此，对于飞行员来

直升飞机飞行示范

在起飞和提升高度这一阶段，直升机的旋翼保持与地面平行旋转，它能够产生向上的…

在向前飞行的阶段，旋翼向前倾斜，除了提供上升动力外，也同时提供向前的动力，这样直升机就可以向前飞行了

如需向后飞行，只要倒过来就可以了：旋翼的水平面朝后倾斜

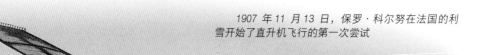
1907 年 11 月 13 日，保罗·科尔努在法国的利雪开始了直升机飞行的第一次尝试

Eurocopter 的 EC155 得到了警方的使用

飞机上通常可见的带有子的**起落架**，在大部分直机上都没有。毕竟，直升并不需要任何起飞或者降的跑道。直升机是用滑橇代替跑道的。小型的滑轮来将直升机推进飞机库房。有在大型的直升机上，人才能发现轮式起落架。不，它们在陆地上的行进就变得很困难。速度较快的升机为了减少空气的阻力，子一般都可以收起。

说，驾驶直升机真的是一件要难得多的事情，尤其对那些从来没有接触过直升机的新飞行员而言。

直升机能够满足哪些需求？

与普通飞机不同，直升机并不会承担客运航线的任务。当人们在 20 世纪 50 年代对未来进行规划时，他们就已经有所预见，在城市中心预留了直升机的起降点。但是，他们忘记了非常重要的一点：噪音。即便最先进的现代直升机，所发出的噪音也相当大。考虑到人们日益增长的环保意识，在居民区上空的飞行只有在特殊情况下才被允许。

当然，购置和使用直升机都需要高昂的费用。因此，直升机作为交通工具，只被用在其他交通方式很难实现或者费用更加昂贵的地方。比如，将工作人员送往海上钻井平台。

工作人员在前往海上钻井平台的途中

现在，在扑救森林火灾时，直升机也得到了越来越多的应用

倾转旋翼机是美国升机制造商贝尔的一项发明，它将直升机与普通飞机的点集于一身。在机翼的末装有大型的旋翼，使得飞能够完成垂直起降。

当飞机处于飞行状时，旋翼可以向前翻转，到螺旋桨的作用。这样一来倾转旋翼机就可以像普通机一样快速地飞行了。

相比之下，民用直升机更多用在救护工作方面。在交通事故中，它能够直接停靠在事发地点，将伤者直接送往医院。对于警方而言，直升机也能够帮助他们处理很多紧急状况，比如可以在空中检测高速公路的通行情况或者追击逃犯。直升机上配备的探照灯和可以在黑夜中拍照的特制摄像头，为警察的工作减轻了很多负担。

在其他方面，直升机也扮演着越来越重要的角色。比如在山区架设滑道或者在 F1 赛车比赛中充当摄像师的拍摄平台，以及参与扑灭森林火灾的工作。

在营救失事登山者的行中，直升机成为必不可少的帮

运动飞机和商务飞机

现代滑翔机几乎全部由塑料制成，它的细长的机翼为飞机提供了良好的滑翔性能

什么是滑翔机?

一直以来，像鸟儿一样在天空中快活地飞翔，是人类共同的梦想。在实现这一梦想的路途中，几乎没有什么比滑翔机做得更好。让自己停留在空中，滑翔机凭借的不是轰鸣作响的发动机，而是利用热流。

热流是一种局部性的空气上升运动，引发于阳光的照射和地面的加温（热空气会向上升）。这种滑翔的艺术，只有在热流存在的情况下才能够进行。有时候，观察鸟儿的行为对我们有很大的帮助，它们也被这种上升气流承托着。只有起飞时，滑翔机才需要借助外界的帮助。它们不是从带有动力的飞机上发射，就是借助绞盘车的牵引升上高空。

1460.8 千米——这是德国滑翔飞行者汉斯－魏纳·格洛瑟，在 1972 年 4 月用自己的 ASW－12 滑翔机创造的纪录——从德国北部的吕贝克飞到了法国的比亚里茨。大部分装有发动机的旅行飞机飞行这么远的距离，都至少需要中转一次。2002 年，他的同胞克劳斯·奥尔曼的一次飞越安第斯山脉的飞行，创造了在空中飞行3008.8 千米的记录。

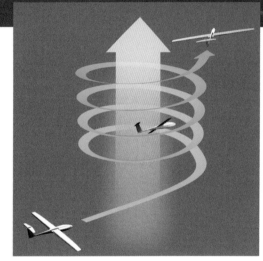

和鸟儿一样，滑翔机利用空气的上升运动，使自身能够盘旋升空

如果飞行员找不到任何上升气流的话，情况就会变得困难得多。这个时候必须迅速地寻找一块适合着陆的场地，一般情况下是一片森林或者农田。人们把这种情况叫作场外降落。

滑翔机上没有可供飞行员开启的发动机，用来保证它飞往下一个降落地点。但动力滑翔机不会出现这种问题，在这种滑翔机上装有一个小型的发动机和一个螺旋桨。一

悬挂滑翔器也是利用上升气流来飞行的

在比赛中所使用的滑翔机，都是采用一种所谓纤维复合材料制成的。

一般来说，这个动力仅仅用于起飞和缺乏上升力时，很多动力滑翔机上的这个装置都可以在飞行的过程中收起来，以减小飞行过程中额外的阻力。

在制造滑翔机的历史上，有一个非常重要的里程碑。这就是从1960年开始，滑翔机使用人工材料取代了木材和布料，机翼设计得越来越长。这样，滑翔机就能够具备更加良好的滑翔性能，飞行距离也得到进一步的延长。正因为如此，今天几乎所有现代的滑翔机，至少

有没有真正的运动飞机？

当然，有一些飞机被它们的拥有者或飞行员用于比赛，比如滑翔或者特技飞行。但如果将某种飞机直接定位成运动飞机，只有在极少数的情况下才适合。好比我们在街道上和高速公路上所见到的跑车，一般来说也不能直接投入比赛进行使用。训练机或观光飞机是对大多数单发动机、两座、四座甚至六座的小飞机最合适的称呼。它们只有在周末的时候，才会在天空盘旋飞行。就像有人喜欢在业余时间骑着越野自行车或摩托车去山区踏青，或者乘船出海享受海风的吹

超轻型飞机近年来渐成为一种时尚。之所以作超轻型飞机，是因为它重量不允许超过450千克仅相当于一辆小型汽车重的一半。它们让人想起最的飞行年代，因为驾驶员乎都是露天进行操作。也一些拥有真正的驾驶舱乎与普通的旅行飞机没有么差别。

大部分的超轻型飞机不是用金属制成的，而是塑料，因此它的重量也就得多了。它们的发动机并强劲，因此消耗的燃料也较少。

塞斯纳的单马达上单翼机，被许多人认为是旅行飞机的完美典范

李尔-45型飞机属于
商务飞机

乘坐商务飞机
是非常舒适的

拂一样，也有人将飞行作为
自己的爱好。与人们料想的
不同是，这其实并不是富人
专享的游戏。如果在俱乐部
取得了飞行执照，并且乐于
帮上一些小忙或者做一些飞
机的清洁工作的话，还可以
省下一些费用。

"运动飞机"最主要的应用就
是进行新飞行员的培训。即使是
大型客机的机长，也是从操纵一架
单发动机的螺旋桨飞机开始自己
的飞行生涯的。虽然一架大型喷气
式飞机的重量，可能是小型的塞斯
纳或者派珀的200倍，但它们对
于驾驶者体质上的要求却没有什么
不同。

人们用商务飞机都能做些什么？

如果是为
了公务，而且
通常都是比较
紧急的事务而
不得不马上出
差，在距离比较远的情况下，飞机
也就成为自然而然的必选的交通
工具了。

但是，航空公司都有自己固定
的航班起飞时间，并不依照经理们
的日程安排而改变。

因此，大商人、政治家和其他
一些能够负担此项费用的人，就会
选择搭乘自己的、政府的或是租来
的私人飞机。

商务飞机通常布置得非常舒
适。除了可供工作的写字台和计算
机之外，考虑到长途飞行的需要，
飞机上还可能设置一个小厨房，甚
至一个卧室或者一个浴室。

当然，也有螺旋桨驱动的小型
商务飞机，一次仅供4名乘客乘
坐，这种飞机通常设置在较短的航
线上。

超音速飞机

声音的传播速度,并不会始终保持在一个较高的水平上。我们每个人都有过这样的经验,在雷雨中,我们总会先看到远处的闪电,直到几秒钟之后,才听到雷声。这是因为光的传播速度比声音快。声音的传播速度会随着温度的变化而变化。在20℃的环境下,声音的传播速度大概在1231千米/时左右。

1947年,查尔斯·耶格尔驾驶着贝尔X-1火箭飞机,成为超越音速的第一人

如果飞机的速度低于这一数值,它就会处于自身发出的冲击波之中。这种冲击波以音速进行传播,远远地行进在飞机前方。

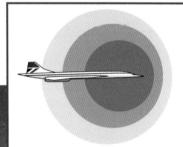

当飞机飞行的速度低于1马赫时,由飞机发出的冲击波不受干扰地位于飞机前方,并以音速进行扩散

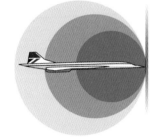

当飞机飞行的速度达到1马赫时,飞机的速度和冲击波速度一致。冲击波会聚集成一道大的波墙,也就是所谓的音障

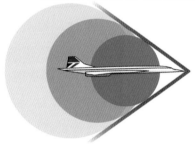

当飞机飞行的速度超过1马赫时,飞机就会超越由自己发出的声波。就像船航行时产生的船首波一样,此时会产生巨大的震荡波,当它传到地面时,就会产生超声冲响的现象

44

协和超音速客机是目前唯一定期投入客运使用的超音速飞机

图波列夫的图-144是世界上第一架飞行速度超过声速的客机

马赫数是以奥地利物理家**恩斯特·马赫**（1838—16）命名的。他重新定了物体速度与声音速度之的关系。其实，它们之间关系非常简单：3马赫就于3倍音速，大约相当于00千米/时。

2007年7月8日，波787第一次出现在公众前。这种全新的远程客是第一架大量使用碳塑料材料制造的客机。用铝质材料制造的飞机比，它的重量更轻，而燃料的消耗更少

当飞机的速度达到音速（1马赫）时，两者的速度相同。这个时候，冲击波就会转变成为震荡波，它所处的位置垂直于飞机的行进方向，这就是所谓的音障。

如果飞机的速度超过音速，它就会超越由自身产生的冲击波挤压而成的震荡波。

第一个突破音障的飞行员是美国试飞员查尔斯·耶格尔。1947年10月14日，他驾驶着自己的火箭飞机贝尔X-1，在直线飞行中达到了1.06马赫的速度——在他当时所处的飞行高度来说，音速相当于1127千米/时。

还会有第二个协和吗？

一般来说，目前客机的飞行速度处于0.80到0.85马赫之间，略低于音速。超音速飞行仅仅用于军用战斗机中，但出于经济方面的考虑，它们并不会经常性出动，因为突破音障的飞行往往需要昂贵的费用。

研发适用于超音速飞行的飞机，需要投入令人瞠目的资金，而且燃料方面的消耗也要远远超过普通客机。因此，到目前为止，仅有两种超音速客机存在，而且都无法满足人们对它们寄予的厚望。

制造超音速飞机始于苏联。1968年12月31日，苏联的图波列夫设计局的图-144完成了自己的处女航。

紧接着，在1969年3月2日，英法协和客机飞上天空。当时坐在逼仄的客舱里的乘客，都被面前的马赫表上的指数深深吸引着，它陪伴乘客一同见证了突破音障的过程：0.85、0.91、0.99……1.1马赫！音障被突破了，但没有人有任何异样的感觉。速度的提升进行得相当平稳，在经历震荡之后，速度更是攀升到了2.0马赫之上。他们以2000千米/时的速度飞越大西洋，到达了北美洲！

这些乘客为他们的非凡经历付出了不菲的费用，并且感到物有所值。目前，超音速飞行在民用飞机领域的应用还算不上成功。

在苏联，超音速飞机在发现技术问题后，很快停产。而协和超音速客机也没有像此前所预料的那样进入量产阶段。

这也是有着各种各样理由的。首先是因为超音速客机被禁止在

空客 A380 是世界上最___的客机

陆地上空飞行。而协和客机在海上的航线有限，这样一来就受到了限制。

同时，费用也是一个非常重要的原因。尽管体积不小，但协和超音速客机一次也只能供 100 名左右乘客乘坐，相应的票价也就相当昂贵了。因此，一次超音速飞行的费用，对于大部分飞机乘客来说都是无法承受的。

此外，环保也是一个相当重要的因素。一个像协和这样烧油无度、噪声惊人的怪物，显然与当下的时代格格不入。

然而，飞机制造商和从前一样，孜孜不倦地推动着超音速飞机的研发项目。但只要超音速飞行的高昂成本不能限制在可接受的范围内，再造一个协和就是无法想象的事情。如果未来再造民用超音速飞机的话，那么这些飞机肯定不会投入到固定航线中使用。

未来的飞机应该是什么样子的？

在可预见的未来，飞机基本上会沿用自 20 世纪中期以来形成的、我们所熟悉的外形：或多或少有些类似圆形的机身，机翼从底部展开，上面固定有两到四个推进器，尾部装有尾翼。

但如果有那么一天，飞机需要一次性搭乘更多的乘客，甚至超过波音 747 和空客 A380 的运载能力，那时飞机制造商自然会想出新的解决方案来应对。一个能够容纳 1000 名甚至更多乘客的机舱，将需要更为巨大的机翼来支撑。这个巨大的机翼必须由金属制成，以使它不会在飞机的重力作用下断裂，但这样一来它的自身重量就有些过大了。一架这样的飞机，恐怕很难飞起来。也许在未来，飞机会以一个巨

黑匣子

黑匣子其实并不是黑色的，实际上它的颜色是橙色。这样，它才能在坠机后被迅速地找到。每一架飞机都有两个这样的黑匣子。一个放在驾驶舱，用来记录驾驶舱里机组人员的对话。另外一个飞机数据记录器的主要作用是对飞行高度和速度、推进器工作温度，或者螺旋桨运动轨迹进行记录。通过对这些数据的分析，人们希望能够在事故之后找到其发生的原因。